Zur Reform

des Unterrichtes des Maschinenbau=wesens an den Technischen Hochschulen

von

Professor Dr.-Ing. Jul. Schenk, Breslau.

München und Berlin 1920.
Verlag von R. Oldenbourg.

Vorwort.

Um meine Stellungnahme zu der immer bringender werdenden Reform der Ingenieurausbildung und insbesondere meine in dieser Schrift niedergelegten Gedanken über dieselbe verständlicher zu machen, verweise ich auf meine bisher in dieser Angelegenheit erschienenen Veröffentlichungen sowie auf mein bei der Dresdner Tagung vorgetragenes Referat.

Die erste Abhandlung erschien unter dem Titel: „Die Begriffe Wirtschaft und Technik und ihre Bedeutung für die Ingenieurausbildung." 1912, Verlag Preuß & Jünger, Breslau;

die zweite unter dem Titel: „Der Ingenieur, seine Ausbildung wie sie ist und wie sie sein soll." 1918, Verlag Oldenbourg, München.

Beide Arbeiten haben das gemeinsame Grundbestreben, den Ingenieur als hochwertigen produktiven Schaffer, als Wirtschafter, aufzufassen, ihm zunächst an der Hochschule einen aus dem Wesen des Ingenieurberufes hergeleiteten Unterricht zu sichern und ihn, den Ingenieur, zugleich auch bei der allgemein bildenden Bedeutung der Ingenieurtätigkeit auf andere, über sein engeres Berufsgebiet hinausgehende Aufgaben hinzuführen.

Natürlich haben meine Reformbestrebungen auch ihren Werdegang durchgemacht, den der Leser beim Vergleich der drei Schriften leicht wird feststellen können. In meiner ersten Broschüre suchte ich von den Begriffen Wirtschaft und Technik aus dem Problem beizukommen. Ich erkannte die Technik selbst als Wirtschaft, sah in der Technik das Vorbild für jede andere Wirtschaftsentwicklung und in der Lehre von dieser Wirtschaft das Mittel für die Ausbildung des Ingenieurs.

Ich muß jedoch hierbei besonders darauf hinweisen, daß man in weiten Kreisen, auch in solchen, wo man es nicht erwarten sollte, mit dem Worte Technik einen falschen Begriff verbindet. Um denselben klar zu stellen, möchte ich folgende Unterscheidung machen. Jede auch mehr geistige Berufstätigkeit hat ihre technische Seite, so die Tätigkeit des Chirurgen, die des Malers und darum und zwar insofern auch die des Ingenieurs. Diese Seite der Tätigkeit ist im Grunde eine durch Übung erworbene Geschicklichkeit, Leichtigkeit, Fertigkeit zu denken und praktisch vorzugehen. Die „Technik" in diesem Sinne hat aber nichts mit der Geistigkeit des Chirurgen, des Malers zu tun. Die Technik eines Malers z. B. kann sehr mangelhaft, er selbst aber trotzdem ein hervorragender Künstler sein. Wird nun der Ingenieur Techniker genannt, so soll damit selbstverständlich nicht auf die technische, also völlig untergeordnete Seite im obigen Sinne, die natürlich auch bei seiner Berufstätigkeit sich vorfindet, Bezug genommen werden, sondern es soll diese Bezeichnung auf das schöpferische Schaffen oder, wie ich es später ausgedrückt habe, auf das Bauen, als das Wesen seiner Tätigkeit hinweisen. Dieser letztere Sinn ist auch gemeint, wenn von der „Technischen" Hochschule, von der „Technik" als Kulturfaktor hier die Rede ist. Technik in diesem Sinne ist also dem künstlerischen Schaffen z. B. des Malers völlig gleichwertig. Wenn der Ingenieur „Techniker" bezeichnet wird, so geschieht dies demnach nicht mit Rücksicht auf seine größere oder geringere Geschicklichkeit, sondern es soll dadurch das Wesen seiner Tätigkeit, also das schöpferische Schaffen hervorgehoben werden. Der Jurist, der Kaufmann bezeichnen ohne Verständnis für diese Unterscheidung mit Vorliebe den Ingenieur als „Techniker", wenn sie uns Techniker für Aufgaben allgemeiner Bedeutung als ungeeignet hinstellen wollen. Diese Beurteilung der Tätigkeit des Ingenieurs ist ein Beweis, daß in weiten Kreisen, vorwiegend in denen der Kaufleute und Juristen, eine bedauernswerte Unkenntnis über das Wesen des Ingenieurtätigkeit herrscht. Hierbei darf allerdings nicht verschwiegen werden, daß die Hochschulen diese falsche Auffassung durch die Art der Ingenieurausbildung selbst verschuldet haben.

Ich bin deshalb — geleitet von der Absicht, diesen Übelstand zu beseitigen — in meiner zweiten Schrift dazu übergegangen, das Wesen der Ingenieurarbeit darzulegen und als ein „Bauen" im Sinne von „Erbauen" zusammenzufassen.

Bei diesen Bestrebungen habe ich gerade aus den Kreisen, die eigentlich in erster Linie an der Hebung des Ingenieurstandes mitarbeiten sollten, z. B. bei den Schriftleitern der Zeitschrift des Vereins deutscher Ingenieure, schärfste Gegnerschaft gefunden. Man will dort nicht einsehen, daß gerade die Grundform der Ingenieurtätigkeit als schöpferisches Schaffen zum Zwecke der Bedürfnisbefriedigung die Quelle wahrer Wirtschaftsarbeit und echten Menschentums ist und glaubt vielmehr, daß in anderen Abarten und mehr abseits liegenden Zweigen des Ingenieurberufes, z. B. in den Fabrikunternehmen, die Grundlage unserer Ingenieurausbildung zu suchen sei. Die Gegner suchten meine Auffassung dadurch als irrig hinzustellen, daß sie dieselbe als Produkt eines in seiner Tätigkeit auf ein enges Gebiet begrenzten wirtschaftsfremden Konstrukteurs bezeichneten. Hätten sie sich die Mühe genommen, in meine Darlegungen auch nur etwas tiefer einzudringen, so hätten sie finden müssen, daß meine Auffassung vom Ingenieurberuf nicht zu eng ist, sondern seiner ganzen Tiefe und umfassenden Weite gerecht zu werden sucht, und daß dieser Tiefe und Weite des Berufes die Ausbildung zum Ingenieur entsprechen muß.

Was nun meine in der Dresdner Rede entwickelten Gedanken anlangt, so haben auch diese Darlegungen viele, sehr beifällige Zustimmungen sowohl aus Kollegen= wie Studentenkreisen mir eingetragen, aber auch Beurteilungen erfahren, welche auf eine Bekämpfung meiner Reformauffassung hinauslaufen.

Ich war mir nun zwar wohl bewußt, daß die durchaus beabsichtigte skizzenhafte Kürze der Darstellung meiner Reformidee die Gefahr in sich schloß, daß meine Bestrebungen nicht gleich verstanden werden würden. Es ist ja nur zu begreiflich, daß Gedanken, welche der Ertrag jahrelangen Ringens, aus praktischer Ausbildungsarbeit und immerwährender geistiger Durchdringung derselben gewonnen, sich nicht leicht auf den Boden anderer, zumal zum Teil gänzlich entgegengesetzter und altgewohnter Auffassungsweisen verpflanzen lassen. Deswegen hoffte ich in der Diskussion gerade durch Rede und Gegenrede den Entwicklungsgang und den allmählich entstandenen Aufbau des von mir vertretenen Ausbildungssystemes, die Zuhörer zur Mitbewegung führend, darlegen und dadurch eine Erleichterung der gegenseitigen Verständigung herbeiführen zu können. Meine Hoffnur wurde vereitelt. Mögen daher die folgenden Ausführungen den Weg zur Verständigung ebnen.

Die bisherige Lehre.

Die Technischen Hochschulen glaubten ihre Aufgabe erfüllt zu haben, wenn sie den Studierenden eine allgemeine, mathematisch naturwissenschaftliche Bildung vermittelten und außerdem für den technischen Dienst in Industrie, Gemeinde und Staat vorbereiteten. Man versuchte diese Aufgabe durch ein rein logistisch geordnetes Ausbildungssystem auf Grund folgender Überlegung zu lösen: Der Ingenieur braucht bei der Ausübung seines Berufes Kenntnisse in Mathematik, Physik und Mechanik; demnach ist er zunächst in Mathematik, Physik und Mechanik auszubilden; ferner: der Ingenieur braucht Fachausbildung, also muß zu dieser zugleich allgemein wissenschaftlichen Ausbildung die Fachausbildung hinzukommen, die in Theorie, Konstruktion (Entwerfen) und Laboratorium zu gliedern ist. Diese Art der Ausbildung genügte jedoch nicht den Anforderungen, welche die Industrie an die Ingenieure stellte. Die jungen Akademiker erwiesen sich in theoretischen Gebieten zwar als brauchbar, das Verständnis für das Wirtschaftsmäßige aber fehlte ihnen. Eine Verbesserung der Ausbildung erwies sich also als notwendig. Die Maßnahmen zur Verbesserung bewegen sich jedoch alle in der Ebene der bisherigen Auffassung des Unterrichtes, nämlich im Sinne einer bloßen Vermehrung der Zahl der Unterrichtsfächer. Man · schloß folgendermaßen: da die Akademiker nicht zu wirtschaften verstehen, müssen sie nunmehr auch noch in die Wirtschaftslehre eingeführt werden. Es wurden also Lehrstühle für Staats-, Volksund Privatwirtschaft errichtet. Das ist auch noch der heutige, sich also schon auf mehrfache Verbesserungen stützende Zustand der Ausbildung des Ingenieurs. Trotz dieser wiederholt vorgenommenen Verbesserungen machen sich aber von neuem verschiedene Mängel empfindlich bemerkbar. So hatte eine Reform immer wieder andere Reformen zur Folge: ein Beweis, daß die bisherige Ausbildung in ihrer Grundlage nicht richtig sein kann. Wir müssen also, soll diesem unerträglichen und das Hochschulwesen schädigenden Zustand ein Ende bereitet werden, zu einer Reform von Grund aus schreiten. Dazu hilft vor allem die Antwort auf die Frage:

Welches sind die Mängel der bisherigen Ausbildung, und auf welche Ursachen sind sie zurückzuführen?

Der bisherige, vorwiegend auf Mitteilung von Kenntnissen hinzielende Hochschulunterricht bewegte sich einseitig im Fahrwasser einer den wissenschaftlichen Anforderungen allerdings entsprechenden Theorie, berücksichtigte aber zu wenig die Notwendigkeit, die Ausbildung des Ingenieurs, als eines Mannes des werktätigen Schaffens, den Bedingtheiten der lebensvollen Wirklichkeit anzupassen, d. h. die Notwendigkeit, daß der Studierende vor allem zu einer Tätigkeit an der Wirklichkeit zu erziehen ist, also eine Ausbildung erfahren muß, bei welcher er sowohl zur Befolgung der

Gesetze menschlicher Arbeitsweise wie auch zur genaueren Beachtung nicht nur der Art der Tätigkeit an den Dingen, sondern auch der Beziehungen der Menschen zueinander angeleitet wird.

Ein Beispiel mag beleuchten, was ich meine. Ganz selbstverständlich erscheint es uns, daß ein Schlosser, der für ein vorhandenes Schloß einen Schlüssel anzufertigen hat, zunächst das Schloß untersucht, mit dem Besteller wegen der Kosten verhandelt, nach seinen Wahrnehmungen und Abmachungen an die Anfertigung des Schlüssels schreitet und nach Fertigstellung des Schlüssels die Probe auf seine Brauchbarkeit anstellt. Wir sehen also an diesem Beispiel drei ineinandergreifende Grundvorgänge der praktischen Tätigkeit:.

1. Eine sich natürlich auf Erkenntnisse stützende Denkbewegung,
2. eine diese letztere ständig begleitende Beobachtung der konkreten Wirklichkeit durch die Sinne,
3. eine Beziehung zu anderen Menschen, welche das durch diese Tätigkeit zu befriedigende Bedürfnis bestimmt.

Festzuhalten ist hierbei, daß die unter 1 vorausgesetzte Erkenntnis zuerst auch aus dem unter 2 angegebenen, ähnlichen Zusammenarbeiten von Sinnes= und Denktätigkeiten entstanden ist.

Zur Beachtung dieser in der Wirklichkeit sich vorfindenden Grundbedingtheiten des Schaffens wird der Studierende bei der Ausbildung zur Ingenieurtätigkeit, die insofern im wesentlichen der eines Handwerkers gleich ist, als sie im allgemeinen auch wie diese erzeugendes Schaffen bedeutet, fast gar nicht angeleitet.

Das Abstrahieren ist gewiß ein pädagogisch wertvolles Vorgehen, um das Wesentliche oder besonders Lehrhafte eines Bildungsstoffes hervorzuheben, stellt aber doch nur eine Seite der Bildungsmethode dar; ja, der jetzt noch übliche Hochschulunterricht bleibt bei dieser einen Seite auch da stehen, wo es sich um Vorgänge der Ingenieurtätigkeit handelt, welche nur in unmittelbarer Beziehung und Berührung mit dem Leben, mit der Wirklichkeit, mit den Dingen herausgebildet werden können, wo es also unerläßlich notwendig auf den Gebrauch der Sinneswerkzeuge unter gleichzeitiger wirklichkeitsgemäßer Gedankenbewegung bei Beobachtung und geistiger Verarbeitung des Beobachteten ankommt. Diese andere, mindestens ebenso wichtige Seite der Bildungsarbeit fällt, wie gesagt, an der Hochschule fast gänzlich fort. Der Umstand, daß ein großer Teil der Beobachtung erheischenden Tätigkeitsgebiete bereits als Ergebnis schon geleisteter Beobachtungsarbeit zu Formeln geprägt und geklärt, zur Verfügung stand, verleitete vermutlich zu dieser Einseitigkeit in der Ausbildungsmethode.

Außer dieser Verkümmerung des Gebrauches der Sinneswerkzeuge wird ein weiterer, gleich ernster Verstoß gegen die Ausbildung dadurch begangen, daß man beim Lehrgang den natürlichen Entwicklungsgang der Menschenbildung und insonderheit den des Ingenieurs außer acht läßt. Der natürliche Gang der Bildung verlangt nämlich: Zuerst Praxis und dann Theorie oder eine aus der Praxis abgeleitete Theorie. Unter Außerachtlassung dieser Forderung wird der Studierende sinnenblind und wird außerdem an bereits vollendete Systeme, wie z. B. die Mechanik eines ist, herangeführt. Diese Methode ist um so bedenklicher, als hierbei alle Fehler zusammenwirken.

Ein damit zusammenhängender weiterer Nachteil erhellt aus folgendem:

Die exakten Lehren der Mathematik und Mechanik verleiten den Studierenden allzu leicht zu der Auffassung, das ganze Weltgeschehen sei exakt, d. h. streng gesetzmäßig und könne mit Formeln berechnet werden; das Wahre, daß die Wirklichkeit nicht exakt ist und eine unendliche Mannigfaltigkeit der Beziehungen mit dem ewigen bunten Spiel des Wechsels darstellt, und wir nur in einzelnen Fällen Vorgänge der Wirklichkeit mit mathematischen Gesetzmäßigkeiten zur Deckung bringen können und insofern eine wesentlich tiefere Erfassung erzielen, bleibt dem Studierenden meist unbekannt. Ebenso geht ein großer Teil des erzieherischen Wertes der Mathematik für Beobachtung und Logik durch ihre übliche von der konkreten Wirklichkeit abstrahierende Lehre verloren.

Ähnlich liegen die Verhältnisse beim Fachunterricht. Hier finden wir folgendes Verfahren vor: Die Theorie voran, dann Konstruktion und Laboratorium getrennt und ohne Zusammenhang miteinander.

Ein weiterer Verstoß gegen den richtigen Ausbildungsweg ist die Verkennung der Tätigkeit des erzeugerischen Schaffens, natürlich unter engster Verkettung mit den vorher berührten Fehlern. Man hat zwar wohl erkannt, daß das Wirtschaften einen Komplex lebensvoller, oft sehr verwickelter Tätigkeiten darstellt; statt nun aber den Anfänger zuerst an einfachste, die Grundvorgänge klarlegende Wirtschaftsgebilde heranzuführen und allmählich zur verständnisvollen Durchdringung verwickelterer Wirtschaftsformen emporzuleiten, hat man sofort die schwierigsten Formen des Wirtschaftens, die Volks-, Staats- und Privatwirtschaft als Stoff für die Wirtschaftslehre gewählt. Die Wirtschaft ist ein Ergebnis menschlicher gegenseitiger Hilfsbedürftigkeit, dient der Befriedigung menschlicher Bedürfnisse. Einige wenige Grundvorgänge geben durch unzählige Zusammenstellungen verschiedenster Art das Ganze und sind selbst in der kompliziertesten Wirtschaftswirklichkeit zu erkennen. Um diese unbewußt entstandene, jetzt so komplizierte Volks-, Staats- und Privatwirtschaft den Studierenden begreiflich zu machen, um überhaupt das Wirtschaften zu lehren, ist es erforderlich, daß die Lehrer mit ihnen auf die Elementarvorgänge der Wirtschaft zurückgehen, damit die Studierenden diese selbst erleben und so ihr Wesen in sich aufnehmen, ist ferner auch notwendig zu beachten, was Ingenieurtätigkeit, was Wirtschaft ist, welchen Entwicklungsgang sie genommen haben, und wie beide, Ingenieurtätigkeit und Wirtschaft, zusammenhängen.

Worin besteht im wesentlichen die Ingenieurtätigkeit?

Darin, daß sie Erzeugnisse schafft, um Bedürfnisse zu befriedigen. Und was ist Wirtschaften?

Rationelle Befriedigung des Bedürfnisses durch rationelle Erzeugung.

Die Wirtschaft sowohl wie die Ingenieurtätigkeit sind nun von einfachster Grundform zu immer verwickelteren und umfassenderen Formen fortgeschritten.

Die Urform der Wirtschaft ist die Naturalwirtschaft, wobei die Erzeugnisse unmittelbar gegenseitig ausgetauscht werden. Die Vermittelung
des Austausches des Erzeugnisses durch den Handel mit dem Austauschgute
„Geld" führt zu einer erweiterten, die Interessen schärfer abwägenden
Form der Wirtschaft, fügt an den Grund= und Hauptkreis weitere Wirt=
schaftskreise an. Durch Kombination und Teilungen entsteht endlich die
Privat=, Staats= und Volkswirtschaft.

Ähnlich bewegt sich auch die Ingenieurtätigkeit vorwärts. Der In=
genieur schafft erzeugend, um Bedürfnisse zu stillen. Dem Sprachgebrauche
nach wird sein Schaffen als „Bauen" bezeichnet. Der Ingenieur baut
Straßen, baut Brücken, baut Eisenbahnen, baut Schiffe, baut Maschinen
und so fort. Für den Kundigen ist das Bauen des Ingenieurs Erbauen
= Entwerfen (Konstruieren) + Ausführen + Erproben des Geschaffenen
(bei Maschinen Betreiben).

Bei dieser Grundform, dieser Tätigkeit des Erbauens, ist der In=
genieur nicht stehen geblieben. Auf dem Gebiete des Maschinenwesens,
das uns hier interessiert, ging durch das Bedürfnis nach Vervielfältigung
desselben Maschinenbauwerkes das Ausführen in Fabrizieren über. Zum
Erbauen des Stammproduktes fügte sich die Massenfabrikation. Ähnliches
gilt auch für das Erproben. So entstanden die Fabrikations= und Prüffeld=
Ingenieure, als Weiterbildung die Betriebsingenieure. Die Ingenieure,
welchen das Schaffen des Stammproduktes zukam, erhielten die Bezeich=
nung Konstrukteure. Es darf aber aus dieser Beziehung nicht der Schluß
abgeleitet werden, daß die Tätigkeit des Konstrukteurs nunmehr nur auf
das Entwerfen eingeengt ist oder eingeengt werden kann, daß das Ent=
werfen von den Beziehungen zum Bedürfnisse losgelöst werden kann.
Das sind Verkennungen schlimmster Art, die nur bei völligem Mißverstehen
des wahren Wesens der Wirtschaft Boden fassen können. Der Konstrukteur,
der Erbauer, steht in innigster Beziehung mit dem ganzen erzeugenden
Schaffen, er schöpft die Bedingungen für sein Schaffen des Stamm=
produktes aus den Bedürfnissen des Lebens, er entwirft es unter ständiger
Beachtung desselben, er ist häufig der geistige Leiter der ersten Aus=
führung, ist endlich der sachlich Zuständige für die Erprobung des Werkes
nach innen in bezug auf den Aufbau, nach außen in bezug auf die Be=
dürfnisse und ist hauptsächlich der Verantwortliche für die Zweckerfüllung
des Erzeugnisses.

Ohne Bedürfnisse also keine Erzeugung, ohne Erzeugnisse kein Wirt=
schaften. Ingenieurtätigkeit als Erbauen, Erzeugen ist gleichbedeutend mit
Wirtschaften.

Wie stellt sich nun die Hochschulausbildung zu den aus dieser Wirk=
lichkeitsentwicklung sich ergebenden Forderungen?

Der bisherige Lehrbetrieb der Hochschule hat diesen Wirklichkeits=
verhältnissen nicht Rechnung getragen. Außer einer unsachlich abstrahierenden
theoretischen Ausbildung bietet die Hochschule nur einen Meßunterricht im
Laboratorium, auch wohl einen Unterricht im Entwerfen, der aber, los=
gelöst von dem erzeugenden Schaffen, nur als reines Entwerfen behandelt
wird. Nachahmung statt schöpferischen, der Wirklichkeit dienenden Erzeugens
oder Phantasiegebilde waren die Folge dieser wirklichkeitsfernen Unterrichts=

weise. Endlich bot die Hochschule einen Wirtschaftsunterricht ohne organischen Aufbau, ohne Beachtung des Zusammenhanges der Berufstätigkeit mit Wirtschaft, ohne eigenes Erleben, ohne Selbstwirtschaften.

Soviel über die Hauptmängel in der heutigen Ausbildung des Ingenieurs. Damit sind aber die Ausstellungen nicht erschöpft. Es kommen noch hinzu Mängel in der Auffassung der akademischen Lehrfreiheit, falsche Bewertung der Arbeit, wobei sowohl Teilarbeiten wie auch Pflege, Entwicklung exakter Systeme, Methodenlehre, höher eingeschätzt werden als die vom Ursprung alles menschlichen Schaffens, dem Bedürfnisse, ausgehende und bis zu dessen Erfüllung in der vollbrachten Leistung an wirtschaftlicher Nutzarbeit emporsteigende Auswirkung, die vielleicht weniger weitgehende Ansprüche an logischen Scharfsinn und technische Vollendung stellt, dafür aber den Menschen mit all seinen geistigen und sittlichen Fähigkeiten erfaßt, und diese zur Geltung bringt. Das sind weitere Ursachen für das Versagen der Ausbildung der Maschineningenieure an unseren Hochschulen.

Die neue grundlegende Lehre.

Die neue Lehre soll als Ziel haben: Grundlegende Ausbildung zum Ingenieur, zum Wirtschafter, zum Menschen, Herausbildung der schöpferischen, gestaltenden Kraft des Menschen, auf dem die Ingenieurtätigkeit umfassenden Gebiete, durch die die geistigen und sittlichen Fähigkeiten voll erfassende erzeugend schaffende Arbeit zum Zwecke der Bedürfnisbefriedigung.

Die neue Lehre soll also das Prinzip ihres systematischen Aufbaues dem Zusammenhang entnehmen, der zwischen der schöpferischen Arbeit an den Dingen der Außenwelt und der Selbstausgestaltung zur Persönlichkeit bestehen muß, wenn der Ingenieur nicht bloß Arbeit, sondern wahre Kulturarbeit leisten, d. h. auch das Wirtschaften in den Dienst der Höherbildung der Menschheit stellen soll.

Solche Ausbildung trifft Beruf und Mensch zugleich. Berufsbildung soll wieder wie ehedem unzertrennlich und organisch mit menschlicher Wesensbildung verknüpft sein.

Die als Lehre dienende Wirtschaft ist unter Beachtung der Gesetze des Entwicklungsganges schöpferischen Arbeitens in seiner Bedeutung für die dem Menschen gemäße Lehrart und den Unterrichtsaufbau unter Rücksichtnahme auf das Lehrbare auszuwählen.

Im Vordergrund des Lehraufbaues muß, wenn man die vorangegangene Betrachtung zu Rate zieht, die Stammtätigkeit des Ingenieurs, das Erbauen, stehen. Sie fordert die Beachtung der Entwicklung geradezu heraus. Auch noch andere im nachfolgenden angeführte Gründe sprechen dafür.

Das Erbauen, also Entwerfen, Ausführen und Erproben des Ausgeführten, hat zu einer vollendeten Wirtschaftsentwicklung geführt. Die Energiewirtschaft, die Regelung der Kraftmaschinen, die Nutzarbeitswirtschaft der Arbeitsmaschinen sind Beispiele dafür. Wir können nur wünschen, daß die Privat=, Staats= und Volkswirtschaft ebenso mustergültig organisiert werden, wie diese Wirtschaftszweige.

Besonders wichtig ist, daß das Erbauen in engster Verknüpfung und Wechselbeziehung mit der schöpferischen Arbeit an sich selbst, mit dem Herausarbeiten der Persönlichkeitseigenschaften des Menschen, der Eigenschaften, welche den Menschen zur Persönlichkeit machen, bleibt. Der Verkehr mit der Wirklichkeit, nämlich das Üben der Sinneswerkzeuge, das Schließen, das Schaffen nach eigener Erkenntnis und damit zusammenhängend das ständige Prüfen der Sinneswahrnehmungen, der Erkenntnisse des Schaffens an der Wirklichkeit ist das, was Selbstvertrauen gibt, zum Selbstbewußtsein, zur Selbstsicherheit führt und damit einen Grundstein zur Persönlichkeit legt; ebenso das Erbauen als schöpferische Tat, als selbständiges, aus Quellen eigener Erkenntnis entspringendes Handeln. Im Wirtschaftsleben haben wir das freie Spiel der menschlichen Bestrebungen und Wünsche, es zeigt eine volle Analogie mit dem freien Spiel der Kräfte, Massenwirkungen und Reibungen der Körper in der Natur. Die ersteren sind wie diese letzteren unabänderlichen Abhängigkeiten unterworfen, und den die Erfahrung Verwertenden führt das Arbeiten mit diesen Strebungen und Wünschen, mit diesen Massenwirkungen und Reibungen in eine immer tiefere Erkenntnis ihrer Bindungen. In der aus dieser Erfahrungserkenntnis quellenden Befolgung und Beherrschung der Bindungen ist das der Berufstätigkeit innewohnende Ethos begründet, in eben dieser Erkenntnis, Beherrschung und Befolgung der Naturnotwendigkeiten des Körperlichen ist zugleich die Vorbedingung für die Meisterschaft des Erbauens eingeschlossen. Ist nicht die Schule des Erbauens, so aufgefaßt, eine vorzügliche Schule für das Sittliche? Wird nicht unwillkürlich der so geschulte Ingenieur die Erkenntnis des großen Webens in der Natur, die Erkenntnis, daß, mit den Naturgewalten arbeiten und sie meistern wollen, sich ihnen unterwerfen heißt, auch auf das menschliche Leben übertragen und bald herausfinden, daß auch Menschenleidenschaften eigene Bahnen verfolgen und zunächst wie Massenwirkungen, Reibungen beurteilt werden müssen, wenn man über sie Herr werden will, und daß die Interessen der Wirtschaftenden nur bei gerechter Berücksichtigung dauernden Ausgleich finden? Fürwahr, nicht Gewalttätigkeit führt den Ingenieur zum Sieg über die Natur, sondern das Erkunden und Beachten ihrer Gesetze und die Einstellung der letzteren in den Dienst der schöpferischen Idee. So wird der Ingenieur auch im sozialen Leben zunächst den Bedingtheiten der Äußerungen menschlichen Trieblebens und menschlichen Zusammenwirkens sich anpassen und beugen, um sie durch die Idee der Sittlichkeit zu umfassen und so zum Dienst für die menschliche Höherbildung emporzuheben.

Solche Berufsausbildung führt also unmittelbar hinüber zur sozialen Einsicht und befähigt den Ingenieur, nicht bloß einen Betrieb zu organisieren, sondern diese Organisation mit den Forderungen des sozialen Lebens in Einklang zu bringen, in den sozialen Gesamtorganismus nicht nur reibungslos, sondern so einzugliedern, daß letzterer gefördert wird. Gehört die soziale Einstellung des Ingenieurs nicht wesentlich zur Ausbildung desselben? Aber das Wichtigste ist bei dieser Ausbildungsart, daß diese Einstellung nicht von außen aufgedrängt und angehängt ist, sondern aus der

Tiefe der Ausbildungsform von selbst hervorquillt. Sie ist die einzig mögliche Brücke, die uns mit dem Handwerker, dem Arbeiter verbindet.

Wesentlich ungünstiger für Anfängerlehrzwecke im Wirtschaften würde die Behandlung des Fabrizierens sein. Das Fabrizieren, die Vervielfältigung des Stammproduktes, ist eine Weiterentwicklung der Produktionswirtschaft und kann kein Lehrstoff für die erste Einführung in das Wirtschaften sein. Außerdem ist das Fabrizieren als Wirtschaft nicht so homogen in den Interessenforderungen wie das Wirtschaften beim Schaffen des Stammproduktes. Während der Erbauer des Stammproduktes nach den Bedürfnissen des Abnehmers, den Interessen des Unternehmers seine Wirtschaftsüberlegungen zu führen hatte, verliert in gewissem Grade für den fabrizierenden Ingenieur der Abnehmer an Bedeutung. Durch die Massenherstellung des Erzeugnisses werden zahlreiche menschliche Arbeitskräfte notwendig, neue Wirtschaftskreise öffnen sich, deren Wirtschaftsvorgänge unbestimmter, weniger durchgebildet sind. Die Wirtschaft des Fabrizierens und die damit zusammenhängende, aus ihr sich entwickelnde Wirtschaft des Einzelunternehmens (Fabrik) stellt sittlich vielseitigere Anforderungen; sie setzt vor allem eine starke sittliche Festigkeit des Wirtschaftenden voraus, um den oft außerordentlich widersprechenden Forderungen der Interessen menschlich-sittlich gerecht zu werden. Auch diese Festigung ergibt sich aus der im Vorangegangenen gezeigten Ausbildung, an der Stammtätigkeit der Produktion und des Wirtschaftens.

Nach dieser Auswahl des Unterrichtsstoffes für die grundlegende Erziehung will ich den Aufbau des Lehrgebäudes in den Hauptzügen zum Teil unter Wiederholung schon angeführter Leitgedanken darlegen.

Der Unterricht wird geteilt:

a) Einführung in das erzeugende Schaffen.

b) In erzeugendes Schaffen selbst.

Die „Einführung in das erzeugende Schaffen" umfaßt zwei Semester und hat drei Lehrstoffe:

1. Herstellungsverfahren in Verbindung mit praktischer Tätigkeit in Lehrwerkstätten.

Wie der selbständige Handwerker im kleinen Rahmen von der Erkennung des Bedürfnisses bis zu dessen Befriedigung ganze Wirtschaftsarbeit leistet, so soll es auch der Ingenieur, nur in größerem Umfange, und mit verständnisvollerer Tiefe. Die Erziehung beginnt deshalb am besten mit dem bescheidenen Schaffen des Handwerkers und geht dann über zu den einfachsten, aber vollständigen Ingenieurleistungen.

2. Maschinenzeichnen in Verbindung mit darstellender Geometrie.

3. Besonderer Einführungsunterricht in Mechanik in Form einer Ingenieurmechanik.

Ingenieure, bewährt in der praktischen Mechanik, müssen nach Arbeitsart der Erbauer von Anfang an hier die Lehrer sein. Sie müssen die Ingenieurmechanik dem Entwicklungsgang menschlicher Erkenntnis und Arbeit entsprechend lehren. Der Studierende soll also durch Gebrauch der eigenen Sinne und Denkfähigkeiten die Natur der Körper erfassen, sich die Theorien bilden und wiederprüfen an der Wirklichkeit. Der Lehrer leitet den Studierenden bei dieser seiner Selbstarbeit nur an, damit er sich nicht in allzu große Irrwege verlaufe und zuviel Zeit verliere. Der Studierende soll in kein fertig ausgeklügeltes, möglichst vollkommenes oder gar exaktes System eingeführt werden und in dessen Methoden sich tummeln, wie es jetzt der Fall ist. Er soll sich von Anfang an bewußt werden, daß die Pflege der Mathematik an sich zwar ein wertvolles, geistiges Erziehungsmittel für die Beobachtung, Logik sein kann, daß das Exakte, wie es die Mathematik in regelmäßigen Kurven, Flächen und Körpern und deren Eigenschaften darbietet, zeitweilig mit Naturvorgängen zur Deckung gebracht werden kann und dann eine besonders klare Erfassung der Vorgänge ermöglicht, daß also die Mathematik ein wertvolles Hilfsmittel für den Ingenieur ist, daß sie aber, wenn sie voraussetzungslos gelehrt wird, zur Ausschaltung des Gebrauches der Sinne, des Verkehrs mit der Wirklichkeit führen muß, und daß diese Anwendungsart schlimmster Mißbrauch ist und schweren Schaden für den Ingenieur zur Folge hat. Diese Verwendung der Mathematik führt zur Blindheit und zum Glauben, die Welt könne mit Formeln bezwungen werden.

Die Lehrer der Ingenieurmechanik müssen unter Ausscheidung alles Nebensächlichen und vorläufiger Vorenthaltung der Aufzeigung des Produktes in seinem Vollkommenheitszustande, aber unter Beibehaltung des Umweges der Entwicklung unter richtiger Erkenntnis menschlicher Arbeitsweise den Stoff so vorbereiten, daß der Studierende im Idealfalle lediglich durch die Unterrichtsmittel volle Erkenntnis sich verschaffen kann und die Fähigkeit, in diesen Gebieten selbst zu schaffen, wenn es auch zunächst umständlich ist, zu erwerben vermag. Die Vorgänge in der Natur der Körper müssen in zahlreichen, von verschiedenen Standpunkten aus geführten Beobachtungen an der Wirklichkeit aufgedeckt werden. Es müssen die Zusammenhänge mit anderen Vorgängen, z. B. die Biegung des geraden Stabes und der ebenen Platte in Klarheit vor Augen gestellt werden. Der Lehrer nimmt die verdeckende Hülle ab und läßt den Schüler selbst schauen. Ferner kommt es darauf an, daß der Lehrer den Schüler beim Selbstsuchen, Aufdecken und Klären vor allem auf die menschliche Arbeitsart aufmerksam macht, zunächst die Meisterschaft nicht zeigt, vielmehr auch wieder den Entwicklungsgang menschlicher Sinnes- und Denktätigkeit als Bildungsweg einschlägt.

Die wöchentliche Zeiteinteilung ist: zwei Tage Lehrwerkstätte und Herstellungsverfahren, zwei Tage Maschinenzeichnen und darstellende Geometrie, 1½ Tage Ingenieurmechanik und ½ Tag elementare Mathematik.

Vorlesung, Übung und Laboratorium sind nicht wie bisher abgegrenzt, sondern werden nach dem Ermessen des Lehrers innerhalb der zur Verfügung stehenden Unterrichtstage nach jeweiligem Bedarf eingeteilt. Zur guten Ausnützung der Unterrichtsmittel werden die Studierenden selbst in drei Unterrichtsgruppen geteilt, die innerhalb einer Woche nach je zwei Tagen den Lehrgegenstand wechseln.

Erzeugendes Schaffen.

Bei der Ausbildung des Ingenieurs muß sein Doppelberuf sowohl als produktiver Wirtschafter wie auch als Mensch sich zu betätigen im

Unterrichte von Anfang an zur Geltung gebracht werden. Die ganze
Lehre muß darauf gerichtet sein, den Gebrauch der Sinne, das Verarbeiten
des Erfaßten zur Kenntnis, das Schlüsseziehen auf Grund dieser Erkenntnis, das schöpferische Schaffen, das sittliche Abwägen der Interessen,
das Verwirklichen und Erproben des Verwirklichten in dem unerläßlichen
Zusammenhange, wie ihn die schöpferische Arbeit fordert, zu vermitteln.
In der Voranstellung der Berufsarbeit liegt auch die Betonung des Wirt-
schaftsmäßigen, der den ganzen Menschen umfassenden und darum allgemein bildenden, erzeugend schaffenden Arbeit, gegenüber der Auffassung,
daß die exakten Wissenschaften die Grundfeste der Ingenieurerziehung seien.

Zuerst die Praxis und dann die Theorie! Das ist ein wesentlicher
Leitgedanke der neuen Reform.*) Es entspricht dieser Lehrgang auch der
Entwicklung der Ingenieurleistung selbst. Wir finden dabei in der Regel
zuerst ein unsicheres Schaffen vor, daran reiht sich vorwärtsschreitend
die Erringung der Erkenntnis an dem Geschaffenen und endlich folgt ziel-
sicheres Arbeiten. Nach diesen Stufen soll auch der Bildungsgang des
Schülers gestaltet sein. Der Studierende wird in die technische Arbeit
zunächst nur hineingestellt, soll die Wirklichkeit in sich aufnehmen, dann
erfassen, Erkenntnisse erringen und endlich das gleiche Werk selbst schaffen.
Bei der Auswahl der technischen Werke darf natürlich nicht gleich zu hoch
gegriffen werden, sie muß dem Fassungsvermögen des Studierenden an-
gepaßt sein.

Die Lehrstoffe sollen vom Bedürfnisse ausgehen und mit der Befriedigung des Bedürfnisses durch die Schaffung endigen. Solche Lehrstoffe sind:

1. Erzeugung mechanischer Energie aus der in der Natur auf-
gespeicherten Wärme: Kohle, Dampferzeuger, Dampfmaschine, also Ver-
brennung, Umwandlung potentieller Energie in mechanische, Regulierung,
Steuerung oder Dampfturbine, also kinetische Energie in mechanische.
Brennstoff, Gaserzeugung, Verbrennungsmaschine. Potentielle Energie
des Wassers, Wasserkraftmaschine, mechanische Arbeit.

2. Mechanische Arbeit umgewandelt in Nutzarbeit, Hebezeuge, Trans-
portmittel, Arbeitsmaschinen sonstiger Art.

3. Herstellung bewährter Maschinenteile und einfacher Maschinen in
großem Maße, Massenfabrikation.

4. Elektrotechnik und Elektromaschinenbau.

Der Unterricht für einen Lehrstoff untersteht einem Lehrer, der über
alle Unterrichtseinrichtungen und Laboratorien verfügt. Die Verwirklichung und Prüfung des Verwirklichten wird, wenn sie sich nicht durchführen
läßt, ersetzt durch Nachrechnung und Prüfung einer dem geschaffenen Werke
ähnlichen, vorhandenen Einrichtung.

Es gibt keine „Konstruktions"-, keine „Laboratoriums"-übungen bei
der grundlegenden Ausbildung, es gibt nur ganzes Ingenieurschaffen,
bei dem u. a. der Entwurf, die Herstellung, die Prüfung des Verwirklichten
oder des Nachgebauten zur Geltung kommt. Das Laboratorium als Meß-
übung an Maschinen, die der Studierende nicht kennt, wobei die Meßarbeit
lediglich Handlangerdienst ist, muß beseitigt werden, an ihre Stelle tritt

---

*) Riedler, Hochschultagung in Eisenach.

das Laboratorium als Einführungsmittel und später als Mittel für die Prüfung der von dem Studierenden vollständig durchgearbeiteten einfachen Anlagen auf das, was sie erfüllen.

Der Unterricht über Maschinenelemente ist eine typische Folge des Strebens, die Systematik über die Sache zu stellen, er hat zu einer die Sache schädigenden Zerteilung geführt. Er fällt weg. Die Auswahl unter den dem erzeugenden Schaffen dienenden Lehrstoffen muß so getroffen werden, daß der Studierende die wichtigsten Maschinenelemente kennen lernt, und zwar nunmehr in Verbindung mit den Maschinen, die ihre Bauform bedingen.

Einführung in das erzeugende Schaffen.
Zwei Semester.
Wocheneinteilung.

2 Tage	2 Tage	2 Tage	
Praktische Arbeit in der Lehrwerkstätte, unter Verbindung mit Herstellungsverfahren.	Maschinenzeichnen in Verbindung mit darstellender Geometrie	Ingenieur-mechanik 1½ Tage	Mathematik ½ Tag

Erzeugendes Schaffen.
Vier Semester.
Wocheneinteilung.
Im 1. Semester:

1 Tag	1 Tag	1 Tag	3 Tage
Mathematik Physik Mechanik	Mathematik Physik Mechanik mit Übungen	Mathematik Physik Mechanik	Erzeugung von mechanischer Arbeit aus Wärme. Kohle, Dampferzeuger, Dampfmaschine (Kolben)kraftmaschine.

Im 2. Semester:

1 Tag	1 Tag	1 Tag	3 Tage
Mathematik Physik Mechanik	Mathematik Physik Mechanik mit Übungen	Mathematik Physik Mechanik	Erzeugung von Nutzarbeit aus mechanischer Arbeit (Transportanlagen, Hebezeuge u. a.).

Im 3. Semester:

1 Tag	1 Tag	1 Tag	3 Tage
Mathematik Wärmetheorie Mechanik	Mathematik Wärmetheorie Mechanik mit Übungen	Mathematik Wärmetheorie Mechanik	Massenherstellung und Fabrikation einfacher Maschinen

Im 4. Semester:

1¹/₂ Tage	1¹/₂ Tage	3 Tage
Erzeugung von mechanischer Arbeit Wasserkraftmaschinen	Verbrennungsmaschinen Dampfturbinen	Elektrotechnik und Elektromaschinenbau

Aus dieser Skizzierung des allgemeinen Bildungsganges dürfte er=
hellen, daß hier die Lehrfreiheit und die Lernfreiheit Verirrungen sind,
daß vielmehr das Lehren sowie das Lernen an die Gesetze der allgemeinen
grundlegenden Erziehung gebunden sind. Besonders für die Lehrer fordert
die allgemeine grundlegende Ausbildung eine hohe Auffassung der Lehr=
tätigkeit. Eigene Interessen jeglicher Art müssen geopfert werden. Nur
die edelste Auffassung über Kollegialität, welche in der Verfolgung der
gemeinsamen, gleichen hohen Ziele gegenseitige Rücksichtnahme kennt, sollte
walten. Die Forderung persönlicher Beachtung muß geradezu als un=
kollegial empfunden werden.

So schwierig die Verwirklichung der wichtigsten Frage der Reformen,
der Lehrerfrage, zu sein scheint, so ist es doch möglich, eine Lösung zu geben,
die Erfolg verspricht.

Die allgemeine grundlegende Berufs= und Menschenbildung ist ein
klar faßbares Ziel, das nur einer einmaligen Aufstellung bedarf. Für die
Organisation des Unterrichtes und seiner Mittel gilt das gleiche. Nur
einmal müssen die geeigneten Lehrer sich finden, um das tragfähige Gerippe
der neuen Lehre (Plan und Einrichtung der Mittel) zu schaffen. Damit
wäre ein großer Schritt vorwärts getan. Bei solchem Lehraufbau, solcher
Ausbildungsweise wird die Bedeutung der Lehrer weniger vordringlich.
Ungeeignete Lehrer können nicht mehr dadurch schaden, daß sie beliebig
ihnen richtig erscheinende Wege verfolgen, die aber in der Tat Abwege
sind. Im Gegenteil, es werden solche Lehrer im Rahmen des neu auf=
gebauten pädagogischen Unterrichtssystems auffallen und gezwungen werden,
entweder sich zur Höhe der neuen Lehre emporzuarbeiten oder aus dem
Lehrkörper auszuscheiden. Der Studierende aber wird nicht wie bisher
zur Urteilslosigkeit und blinden Gefolgschaft gezwungen sein, sondern sich
der Notwendigkeit der Erziehung bewußt werden und jede nicht auf eigene
Einsicht gestellte Lehre entschieden ablehnen.

Diese so geleitete Selbsterziehung des Schülers bringt Arbeitsfreude,
die der Schüler jetzt gar nicht kennt. Die Lehrmeisterin Wirklichkeit belohnt
ihn besser, als die Lehrer der alten Schule mit ihren Noten es konnten,
sie gibt ihm für seine Arbeit die Freude an der wachsenden Ertüchtigung.
Nichts macht lebensfreudiger, stärkt mehr das Selbstbewußtsein, schafft
also den Grundstein zur Persönlichkeit, als die Behauptung der eigenen
Arbeit vor der Wirklichkeit. Sie ist das Tor zur einzig möglichen
Freiheit, zum Stehen über der Gebundenheit des Lebens nach Befolgung
derselben.

Die dreijährige grundlegende Ausbildung wird durch ein Reife=
zeugnis (an Hand der Übungsarbeiten oder besonderer Prüfungen) ab=
geschlossen.

Es folgt nunmehr am besten eine mehrjährige praktische Tätigkeit.
Nach Bedarf kann dann erneut das Studium von Sonderfächern, die
natürlich an den Hochschulen vorzügliche Vertretungen haben sollen, auf=
genommen werden. Eine besondere Arbeit auf einem dieser Fachgebiete
unter Hinzuziehung höherer allgemein wissenschaftlicher oder wirtschaft=
licher Studien führt zur Erteilung eines Diploms.

Beurteilung der anderen Reformvorschläge.

I. Die Reform Heidebroek=Nägel, von dem Ausschuß der Studierenden
der Technischen Hochschulen gelegentlich der Dresdner Tagung angenommen.

Diese Reform will im wesentlichen die Teilung des Studiums in
ein zweijähriges obligatorisches und in ein zweijähriges nach Wahl des
Studierenden.

Das obligatorische Studium baut sich auf mathematisch=wissenschaft=
licher Grundlage in Verbindung mit fachlichem Unterrichte auf. Die Dar=
legung des Wesens der Verbindung fehlt, desgleichen die Begründung
für die Zulässigkeit der weitgehenden Einschränkung des obligatorischen
Studiums. Auf der Dresdner Tagung wurde den Heidebroekschen Leit=
sätzen folgendes Vorwort vorausgeschickt:

„Unabhängig von der Frage, ob der gesamte Hochschulunterricht
einer grundsätzlichen Umwälzung von pädagogischen Gesichtspunkten aus
bedarf oder auf den Boden einer neuen Lehre gestellt werden muß,
auch unabhängig von der Frage der Schaffung einer Parallelabteilung
an der Charlottenburger Hochschule, verlangt die aus Studierenden,
Professoren, Vertretern der Industrie bestehende Versammlung der
Dresdner Hochschultagung die sofortige Inangriffnahme einer Hoch=
schulreform im Rahmen der bestehenden Organisation.“

Damit sollte anscheinend einerseits die Aufstellung der Leitsätze gerecht=
fertigt erscheinen, damit sollten aber andererseits sowohl Riedlers Reform=
vorschläge als auch meine Forderung, auf der Tagung gerade die Grund=
fragen, was ist Ingenieurtätigkeit, was ist Erziehen, aufzurollen und in
entwickelnder Form zu behandeln, erledigt sein. Meine Forderung, auf
diese Grundfragen einzugehen, wurde von dem Vorsitzenden der Studenten=
vertretung mit folgenden Worten beantwortet: „Die Stimmung in der
Studentenschaft läuft ziemlich konform mit den 10 von Professor Heide=
broek ausgesprochenen Sätzen. Das A und O der ganzen Reform ist und
bleibt für uns: Wir müssen mehr Freiheit haben, mehr Verantwortung
und so fort.“

Angesichts dieses Vorganges frage ich nun, zu welchem Zwecke wurde
dann überhaupt eine Tagung einberufen? Wenn sich die Studierenden
schon klar und einig waren über das, was sie wollen, hätten sie sich und
anderen die Tagung ersparen können und ihrer anscheinend einer Durch=
arbeitung erst nicht bedürfenden Willenskundgebung auf einfacherem Wege
Gehör verschaffen können.

Es verliert damit die Dresdner Tagung die Bedeutung einer all=
gemeinen Beratung über Hochschulreform und ist lediglich eine Besprechung

und Beschlußfassung über die Heidebroekschen Leitsätze, wobei noch zu beachten ist, daß die auf der Tagung anwesenden Studierenden und ebenso die
Professoren, soweit sie sich aktiv beteiligten, von vornherein diese Leitsätze wollten.

Diese Feststellung ist wichtig, weil in verschiedenen Zeitschriften über
den Verlauf der Tagung Darstellungen gegeben wurden, die auf eine
umfassendere, alles in Erwägung ziehende Beratung über Hochschulreform
schließen ließen.

Die Leitsätze bewegen sich nur auf der Oberfläche und vermeiden die
Tiefe, haben also wenig Wert für die Regelung des kommenden Unterrichtes; um so größer sind aber die Nachteile, welche sich aus der Ein-
haltung dieser Richtlinien ergeben müßten. Zunächst äußerliche:

Eine nicht geringe Zahl von Studierenden will leider nicht mehr als
das Diplom; es bedeutet für ihre spätere Tätigkeit eine gute Einführung.
Mit den Heidebroekschen Leitsätzen, wonach ein Studierender die Hälfte
seines Studiums nach eigenen Wünschen einrichten kann, wird das gerade
bei dieser Art Studierenden auftretende eigentümliche Bestreben, die
Prüfung mit einem Minimum an Arbeitsaufwand zu machen, noch besonders begünstigt.

Dann die inneren, noch ernsteren Nachteile:

Studierende, die es mit ihrer Ausbildung ernst nehmen, denen es
also nicht bloß um die Erlangung eines Diploms, also eines Aushänge-
schildes zu tun ist, welche vielmehr eine erfolgreiche Erziehung und gründliche Ausbildung für das Leben erreichen wollen, werden dem Kern der
Heidebroekschen Leitsätze: Forderung einer zweijährigen obligatorischen Ausbildung (nach altem System) und zweijähriger Ausbildung nach Wahl
des Studierenden mit Zweifel gegenüberstehen. Sie werden instinktiv der
ausgerufenen Freiheit als einem Perpetuum mobile jugendlicher Schwärmer
nicht trauen und die Verantwortung bei Auswahl ihrer Studien ungern
übernehmen, weil sie sich ihr mit Recht nicht gewachsen fühlen.

Die einzig wirkliche Freiheit, d. h. Möglichkeit und Bahn für die un-
gehinderte Entwicklung und Anwendung aller sittlichen und geistigen Fähigkeiten gibt den Studierenden allein die Lehre als planmäßig kürzester
Weg zur Ausbildung unter stärkster Beeinflussung durch den Lehrer in der
Anleitung zur Eigenarbeit. Nimmt der Studierende für sich das Recht
in Anspruch, die Ausbildungsfächer zu wählen, so begibt er sich dadurch
selbst des Vorteils, den ihm allein die Lehre bieten kann; er verzichtet damit
zugleich auf die unbedingt notwendige Anleitung von seiten des Lehrers
und hat mindestens einen unwiederbringlichen Zeitverlust und einen Verlust
am Besten, das die Schule zu bieten vermöchte, zu beklagen.

Warum, so möchte ich den Studierenden zurufen, sich mit einer
Verantwortung belasten, die lediglich den dazu Verpflichteten, den Er-
fahrenen, hier den Lehrern, zukommt, und die der Studierende gar nicht
tragen kann. Das Streben des Studierenden nach Verantwortlichkeit ist
sehr anerkennenswert, aber das Verantwortlichkeitsgefühl wird vollauf
befriedigt und durchgebildet, wenn der Lehraufbau, die Lehrmethode richtig
ist, und wenn der Lehrer den Studierenden zu sittlich und sachlich ernster
Arbeit anzuweisen versteht.

Richtige Lehre wird stets dem Schüler Verantwortung auferlegen, aber nur eine Verantwortung über Dinge, die er auch zu verstehen vermag. Der Student braucht sich also von seinem Verantwortlichkeitsdrange nicht zu einem über seine Kräfte hinausgehenden, bedenklichen Versuch, den Bildungsgang selbst zu bestimmen, verleiten zu lassen. Die Verantwortung, welche von einem Teil der Studentenschaft so heiß begehrt wird, ist fahrlässig und unnötig, da bei richtiger Lehre auch ohne Risiko der Wunsch der Studierenden nach Verantwortung vollauf befriedigt werden kann. Die nach Reform strebenden Studierenden haben, als sie solche Art Verantwortung als Antriebmittel ersannen, zwar beobachtet, aber sie haben falsch, d. h. ihrer bisherigen Entwicklung und Reifung entsprechend, noch nicht tief und scharf genug beobachtet.

Unser Vorbild der erfolgreichen Menschenschule, das Leben nämlich, kennt nur verantwortliches Arbeiten, aber auch nur auf der Grundlage der Fähigkeit, die Verantwortung tragen zu können.

Der Drang der Studierenden nach Freiheit in der Ausbildung ist in Wahrheit ebenfalls die Folge einer verfehlten Lehre, welche durch ihre ganze Art in der Tat eine Vollentfaltung der nach Ausgestaltung lechzenden Kräfte gar nicht aufkommen läßt und damit ein instinktives Gefühl der Unfreiheit im Studierenden auslösen muß.

Die studentischen Anhänger dieser Reform müssen sich doch klar machen, daß durch bloße Wahlfreiheit innerhalb der im „System" zusammengestellten Fächer der Weg zur Freiheit nicht eröffnet ist, daß vielmehr nur durch Änderung der Lehre das Gefühl der Unfreiheit beseitigt werden kann. Richtige „Lehre" wird im Studierenden niemals, auch nicht in einer einzigen Aufgabe oder Wegweisung das Gefühl des Gebundenseins, der Einengung, erwecken. Ihr höchstes Ziel ist ja Anleitung zur Eigenarbeit unter gewollter freier Entwicklung aller Fähigkeiten. Die auf der Tagung von den Studierenden gewünschte und von Heidebroek gebotene Wahlfreiheit ist nur scheinbare Freiheit; denn in Wirklichkeit macht sie den Studierenden nur zum Spielball seiner eigenen Irrungen und noch ungeklärten Eigenwünsche. Den Plan, nach dem er sich erziehen und ausbilden soll, wird er nun und nimmer finden.

Mit einem Wort: die von Heidebroek den Studenten dargebotene, für letztere allerdings in gewisser Hinsicht verlockende Freiheit, welche vermeintlich „unabhängig" von der Pädagogik dargeboten wurde, bedeutet eine Verkennung und Mißachtung derselben, einen pädagogischen Mißgriff ernstester Art. Der einzig mögliche Weg zur Freiheit, zur ungehinderten, ersprießlichen Entwicklung der menschlichen Kräfte, die zu fordern der Schüler auch berechtigt ist, und die er fordern muß, ist in der richtigen Lehre, in der wahren Pädagogik gegeben, und deshalb müssen alle Reformverhandlungen, die sich auf den Unterricht beziehen, mit der Klärung der Frage „was ist Erziehen" beginnen. Die für die Heidebroeksche Reform eintretenden Studenten scheinen gar nicht zu merken, daß durch ihr Vorgehen die Lösung dieses tiefen und schweren Reformproblems von den Lehrern, die sich bekanntlich selbst bisher noch nicht zu ihr durchgerungen hatten und sie darum nicht geben konnten, auf die Studierenden abgewälzt wird, während — so müßte man vernünftigerweise annehmen — die Lehrer allein dazu befähigt sein könnten und dazu berufen sind, unter weitestgehender Berücksichtigung, zugleich aber feinfühliger und verständnisvoller Deutung der mehr oder weniger aus instinktivem Drange nach Selbständigkeit quellenden Wünsche der Studierenden die Tat der Reform zu vollbringen. Sie ahnen offenbar nicht, was für eine, ihre Tragfähigkeit weit übersteigende Last, und welche alle Schaffensfreude beeinträchtigende und schließlich lähmende Selbstpeinigung sie sich zugleich schaffen würden, wenn ihrem Wunsche gemäß nach Heidebroeks Vorschlag reformiert werden sollte.

Als Lehrer protestierte ich dagegen, daß Lehrer es wagen, die Pflicht, die allein uns Lehrern zukommt, auf andere und zwar auf jene, denen wir gegenüber verpflichtet sind, abzuwälzen. Der Schüler soll frei sein, er soll frei sein in der Entwicklung seiner Fähigkeiten, soll frei sein in der Ausreifung zu dem vollwertige Kulturarbeit leistenden Menschen, aber das Anleiten zu solcher Entwicklung und zu solcher Arbeit, an der der Studierende zum Menschen werden soll, lasse ich mir als Lehrer nicht nehmen. Wofür wäre ich denn sonst Lehrer? denn solche Anleitung zu geben, ist das den Lehrer zum wirklichen Lehrer erst emporhebende, ist das den Lehrer als solchen charakterisierende Vorrecht, auf das er nicht verzichten darf, wenn er sich nicht selbst entwerten will.

II. Hochschul-Reformvorschlag (Masch=Jng.) von Prof. Schilling=Breslau.*)

Der Vorschlag ist kurz folgender:

Der Unterricht wird in einen konstruktiven und einen wirtschaftlichen geteilt. Die Konstruktionslehre, gleichbedeutend mit Baulehre, umfaßt die Umwandlung körperlicher Stoffe ohne Beziehung zur Bedürfnisbefriedigung; die wirtschaftliche Lehre hat sich grundsätzlich an die Wirtschaft des gewerblichen Einzelunternehmens (Fabrik) anzulehnen.

Zu diesem Vorschlage habe ich zu bemerken, daß er folgende wichtige, ja grundlegende Momente außer acht läßt:

1. Bei einer Fabrik sind zwei Produktionsarten gar wohl zu unterscheiden: nämlich

a) die Schaffung des Stammproduktes,

b) die Vervielfältigung des Stammproduktes, und daß erstere Produktionsart das Grundlegende des Fabrikunternehmens darstellt, während die Vervielfältigung von untergeordneter (nicht im Sinne „nebensächlicher") Bedeutung eine Auswirkung der ersteren ist. Hierbei ist jedoch noch festzuhalten, daß die Einrichtung der Vervielfältigung eine mit dem Schaffen des Stammproduktes wesensverwandte, in den Anforderungen noch gesteigerte Tätigkeit ist.

2. Genau und richtig betrachtet, ist mit der Schaffung des Stammproduktes auch die wirtschaftliche Seite der Aufgabe — Bestimmung des wirtschaftlichen Verhältnisses zwischen Abnehmer und Unternehmer — abgesehen von der mit der Massenfabrikation in der Regel verbundenen Verbilligung des Produktes, der Hauptsache nach schon gelöst und das Bedürfnis als solches dem Wesen nach bereits befriedigt.

---

*) Zeitschrift des Vereines deutscher Ingenieure, 1920, Heft Nr. 7.

3. Ehe also die Vervielfältigung des Stammproduktes in Angriff genommen werden kann, muß dasselbe vom sogenannten Konstrukteur durch das Bauen im Sinne von Erbauen, d. h. durch Entwerfen, Ausführen und Erproben des Ausgeführten so geschaffen sein, daß die Bedürfnisforderungen völlig befriedigt sind.

4. Mithin kommt in Wirklichkeit das Schaffen eines brauchbaren Stammproduktes als lediglichses Umwandeln greifbarer Stoffe ohne Beziehung zur Bedürfnisbefriedigung gar nicht vor. Die Bedürfnisbefriedigung gibt den Anstoß zum Schaffen und trägt dasselbe durch alle Phasen des Produktionsweges hindurch und findet im geschaffenen Produkte ihren Abschluß.

5. Hieraus folgt, daß erzeugendes Schaffen und Wirtschaften unzertrennlich zusammenhängen, sich wechselseitig durchdringen, zusammenfallen, daß ein Schaffen ohne Wirtschaften erst gar nicht zur Vervielfältigung des Produktes, zum „Fabrizieren" führen würde, daß also beim Schaffen grundwertiges und darum hochwertigstes Wirtschaften zum Ausdruck kommt. Daraus ergibt sich, daß sich die Produktionswirtschaftslehre vom Gestalten gar nicht trennen läßt, daß also das Erbauen den Grundstock dieser Wirtschaftslehre bilden muß. Man müßte mindestens die Wirtschaftslehre in eine primäre, grundordnungsmäßige, mit dem Erbauen unmittelbar und unzertrennlich verbundene, den Ingenieur an sich und vor allem interessierende Lehre und in eine sekundäre, abgeleitete, allgemeine Lehre teilen, welche letztere zu behandeln hätte, wie sich die oben bezeichnete primäre Wirtschaft in die allgemeine Wirtschaft einzuordnen habe. Diese Verbindung würde zur Befruchtung, Klärung der letzteren wesentlich beitragen, wenn nämlich die Denkart der primären Produktionswirtschaft auf die anderen Wirtschaften übertragen würde.

Der Schillingsche Reformvorschlag leidet demnach — das sei zunächst bemerkt — an dem Grundfehler, daß die Wirtschaftslehre zum Ausgangspunkt und zur Grundlage für ihre Darstellung das Einzelunternehmen als Fabrik nehmen soll. Demgegenüber fordere ich auf Grund der vorangegangenen Darlegungen, daß vom Unternehmen des selbständigen Handwerkers ausgegangen werden muß. Dasselbe stellt auch ein Einzelunternehmen dar, befaßt sich aber nur mit der Erzeugung von Stammprodukten und sieht von der Vervielfältigung, dem Fabrizieren im Großen, noch ab. Hier treten die Grundverhältnisse, welche auch bei der Ingenieurtätigkeit vor allem in Betracht kommen, in elementarer Einfachheit zutage: der selbständige Handwerker betreibt die Umwandlung greifbarer Stoffe, steht bei seinem Schaffen durchaus in unmittelbarer Beziehung zu den Bedürfnissen. Wir sehen daraus, daß im Fabrikunternehmen der Konstrukteur die Grundtätigkeiten ausübt, die wir auch beim selbständigen Handwerker festgestellt haben. Geht man bei der Wirtschaftslehre vom Einzelunternehmen der Fabrik aus, dann entsteht die Gefahr, daß das Wesen der Ingenieurtätigkeit übersehen und das Schwergewicht derselben auf nur eine Seite, nämlich auf die viel schwierigere und darum entwicklungsgemäß erst nachfolgende, auf die der Vervielfältigung, des Fabrizierens, zum Schaden der gründlichen Ausbildung des Ingenieurs verschoben wird.

Diese Einseitigkeit des Reformvorschlages ist nur verständlich, wenn man vom Standpunkt des Vervielfältigungsingenieurs einer auf Massen= fabrikation eingestellten Großfabrik die Ingenieurtätigkeit betrachtet. Von diesem Gesichtspunkte aus wird nur zu leicht die Bedeutung der schöpfe= rischen Arbeit bei Erzeugung des Stammproduktes übersehen und die irrige Vorstellung genährt, als ob die Massenherstellung, der Vertrieb rc., wie es allerdings z. B. bei einer Armaturenfabrik zutrifft, alle Ingenieur= tätigkeit überrage.

Dementsprechend hat der Vorschlag nur eine sehr eingeschränkte Be= deutung für die Reformen, kann also nicht die geeignete umfassende Grund= lage zur Reform der Erziehung zum Ingenieur bilden.

Dem Vorschlage stehen aber noch weitere Bedenken entgegen. Ganz davon abgesehen, daß es durchaus nicht selbstverständlich ist, daß der fabri= zierende Ingenieur am besten ausgebildet wird, wenn er durch diese ganz einseitige Schulung am Fabrikunternehmen gegangen ist, haben die Mehr= zahl der Einzelunternehmen (Fabriken) nicht die bei dem Vorschlage offen= bar vorausgesetzte Eigentümlichkeit, z. B. Fabriken für Transportanlagen, Kraftanlagen, landwirtschaftliche Maschinen, Papiermaschinen, Textil= maschinen rc.

Ferner: Die mittleren und kleineren Fabriken sind meist nicht in der Lage, mit den modernsten Mitteln und der weitgehenden Arbeitsteilung zu schaffen, wie die Großindustrie, sondern müssen mit vorhandenen, oft auch mit alten Maschinen und Einrichtungen noch Wirtschaftliches leisten. Aber auch solche Fabriken brauchen doch für die Fabrikation Ingenieure. Brauchbar werden sie aber nur dann sein, wenn sie in der von mir oben= bezeichneten Richtung des Stammschaffens ausgebildet sind.

Gestaltender Unterricht ohne Beziehung zum Bedürfnis ist sinnlos. Das bleibt unumstößlich wahr, auch wenn zur anscheinenden Entkräftigung dieser Wahrheit der Geist Riedlers beschworen wird. Der von Schilling vorgeschlagenen Wirtschaftslehre selbst fehlt nun einmal die richtige Grund= lage und sie könnte nur Ingenieure ausbilden, die kein Verständnis für das Stammschaffen des Ingenieurs haben würden. Der Vorschlag übersieht, daß die bisherige Einteilung des Unterrichtes falsch war, er würde also zur weiteren Beharrung in dem Fehlerhaften führen.

Dementsprechend ist auch die Einteilung der Ingenieure im Wirtschafts= leben, also in Konstrukteure, Prüffeldingenieure einerseits und in Betriebs= ingenieure, Betriebsdirektoren, Fabrikdirektoren, Werbeingenieure anderer= seits, die mit als Ausgang für den Reformvorschlag diente, aus den dar= gelegten Gründen ebenso unhaltbar, wie dieser selbst. Sie ist auch wieder unter der offenbar nicht zutreffenden Voraussetzung vorgenommen worden, daß alle Industriewerke nach dem Typ einer Armaturenfabrik organisiert sind, also fabrizierende Ingenieure, Direktoren und Handlungsingenieure haben.

Der Vorschlag solcher Einteilung beruht ferner auf der falschen An= nahme, daß das Wirtschaften erst mit der Vervielfältigung, mit dem Fabrizieren beginnt. Er ist darum unbrauchbar. Er wäre nur dann be= achtenswert, wenn die Wirklichkeit von der Art wäre, daß die Be= dürfnisse erstarrten, so daß von nun ab immer nur dasselbe zu fabri= zieren wäre.

Ob man aber, da die Bedürfnisse nun einmal sehr wandelbar sind, den im Spezialfalle gewiß sehr wertvollen Wirtschaftsvorgängen solche Bedeutung beimessen darf, daß man aus ihnen den grundlegenden Unterricht in der Wirtschaftslehre entwickelt, das wird bei reiferer Prüfung und ruhiger Überlegung durchaus zu verneinen sein.

Im Grunde dreht sich der Streit nicht so sehr um den Umfang der dem werdenden Ingenieur notwendigen Ausbildung, als vielmehr um die Methode, die bei derselben zur Anwendung kommen soll, um die Organisation, der zur allseitigen Ausbildung angeforderten Lehrstoffe.

Ohne mich auf eine nähere Auseinandersetzung mit Herrn Schilling über das Verhältnis der Wirtschaft und der Erwerbstätigkeit zu den Grundsätzen der Sittlichkeit einzulassen, verfechte ich folgende Anschauung:

Daß unser heutiger Kulturzustand, insonderheit unser Wirtschaftsleben Zeichen des Verfalles aufweist, dürfte kein Einsichtiger bestreiten.

Die Ursachen des Verfalles sehe ich im Niedergang des Geisteslebens, dessen Grundstock die Sittlichkeit ist, und das notwendig zum Wesen des Menschen gehört, der den Anspruch erhebt, als Persönlichkeit bewertet zu werden. Dieser Niedergang des Geisteslebens hat z. B. zu der das gesamte Staats= und Volksleben durchdringenden Auffassung geführt, daß Macht vor Recht gehe, zu einer Auffassung also, die zur Mißachtung der menschlichen Persönlichkeit führen muß und schließlich uns in das jetzige Verderben hinabgerissen hat. (Persönlichkeit ist jener Vollendungszustand der Individualität, der durch Ausgestaltung seiner selbst, Herausbildung der im innersten Wesen schlummernden sittlichen Grundkräfte erreicht wird.) Der Niedergang des Geisteslebens hat ferner dazu geführt, daß, um mit Eucken zu sprechen, „auf der sogenannten Höhe der Kultur soviel Leben ohne Seele erscheint", daß das Schwergewicht des Lebens einseitig auf die äußere Leistung und auf den Erwerb eines möglichst großen materiellen Gewinnstes geschoben ist. Die rastlose Hast, die gerade im Industrieleben sich geltend macht, läßt zur Pflege des Persönlichkeitslebens erst gar nicht Zeit und muß wider Willen die Aushöhlung und Entwertung des Menschen zur Folge haben. Infolgedessen hat gerade unsere hochentwickelte Technik allenfalls zur bloßen Verfeinerung des Lebens, statt zu dessen Höherbildung zur gehaltvolleren Höhe geführt.

Aus dieser Tiefe unser Volk wieder zur gesunden Höhe emporzuführen, muß darum vornehmste Aufgabe besonders der Hochschule sein. Auf die Lösung dieser Aufgabe muß die Ausbildung des Ingenieurs eingestellt sein. Auch ich will darum mit Schilling, daß der Ingenieur „Führer des Wirtschaftslebens, leitende Persönlichkeit", werden soll, aber ich wünsche, daß der Ingenieur Führer im Sinne der vorher erwähnten Höherbildung des Lebens werde, daß er eine von dieser Höherbildung selbst ganz durchdrungene Persönlichkeit werde, daß er seine schöpferische und organisatorische Ausbildung und Kunst im Wirtschaftsleben in den Dienst dieser Hochbildung stelle, daß seine gesamte Tätigkeit sich auf die Förderung der Menschheitskultur einstelle, daß er endlich bei seiner Arbeit für die Mehrung des Nationalreichtums sich stets bewußt bleibe, daß derselbe nicht nur in wirt-

ſchaftlichen Gütern, ſondern zuerſt und vor allem im Reichtum an ſittlichen
Perſönlichkeiten beſtehe, weil in deren Hand allein die wirtſchaftlichen
Güter erſt der wahren Volkswohlfahrt nutzbar werden und der anzu=
ſtrebende wirtſchaftliche Ausgleich, die Geſundung unſeres Wirtſchafts=
lebens verbürgt iſt.

Das iſt der Grund, warum ich die ſchöpferiſche Arbeit des Ingenieurs
und die Ausbildung dazu in engſte und unmittelbare, lebensvolle Verbindung
mit der Ausgeſtaltung der ſelbſtſchöpferiſchen Kraft, mit der Ausgeſtaltung
zur Perſönlichkeit bringen will, warum ich darauf bringe, daß der Studierende
am Geſtalten des Stoffes zugleich zur Perſönlichkeit emporwachſen, in
ſein Schaffen ſeine Perſönlichkeitsgeſtaltung hineingießen und hierzu vor
allem vom Lehrer geführt und angeleitet werden ſolle. Gewiß kann man
ſagen, daß die Berufstätigkeit und=tüchtigkeit Sittlichkeit ſchon in ſich habe.
Da wir aber ſehen, wie ſich heute vielfach die Erwerbstätigkeit von ihrer
ſittlichen Verankerung loslöſt und immer mehr in Gefahr iſt, in den
Strudel ſkrupelloſer Gewinnſucht hinabgeriſſen zu werden, und da der
Ingenieur davor bewahrt werden ſoll, ſich zum Werkzeug derſelben
herabwürdigen zu laſſen, müſſen wir die in dem obigen Satz ausgeſprochene
Behauptung von dem immanenten Ethos der Berufsarbeit als ein für
den Menſchen an ſich ſelbſtverſtändliches, leider aber nicht immer be=
folgtes Soll bewerten und darum dahin verbeſſern, daß wir ſagen: Die
Berufstätigkeit und =tüchtigkeit hat Sittlichkeit ſchon in ſich, aber nur bei
rechter Erziehung und Ausbildung.

Wie dieſe der Berufstätigkeit des Ingenieurs immanente Sittlich=
keit herausgebildet werden kann, habe ich bereits Seite 8 gezeigt. Ich
betone aber nochmals:

Das Erbauen allein gibt die Möglichkeit zum Herausarbeiten der
Perſönlichkeit aus dem eigenen Selbſt. Der Verkehr mit der Wirklich=
keit, alſo das Üben der Sinneswerkzeuge, das Schließen, das Schaffen
nach eigener Erkenntnis und damit zuſammenhängend das ſtändige Prüfen
der von den Sinnen gemachten Beobachtungen, der während des Schaffens
an der Wirklichkeit gewonnenen Erkenntniſſe iſt eine Tätigkeit, die zur
Gewiſſenhaftigkeit, Verantwortlichkeit, Pflichttreue erzieht, eine Tätig=
keit, die Selbſtvertrauen gibt, zum Selbſtbewußtſein, zur Selbſtſicherheit
führt und damit einen Grundſtein zur Perſönlichkeit legt. Dasſelbe gilt
von dem Erbauen als ſchöpferiſcher Tat, als ſelbſtändigem, aus Quellen=
eigener Erkenntnis entſpringenden Handeln.

Die Auffaſſung, daß die wahre Ethik in der Tätigkeit des Geſtaltens
liege, iſt alſo kein Trugſchluß. Im Erbauen, im Geſtalten, liegt in der
Tat eine vortreffliche Schulung für das Sittliche.

Aus den Darlegungen geht hervor, daß meine Auffaſſung der In=
genieurausbildung nicht Einengung der letzteren bedeutet, ſondern eine Auf=
faſſung iſt, welche eine alle Teile der Ausbildung umfaſſende, dieſelben
auf ihre lebendige Wurzel zurückführende und damit zur organiſchen Ein=
heit zuſammenſchließende Vertiefung der Geſamtausbildung darſtellt;

eine Auffassung, welche das Ausbildungssystem aus der bisherigen Form der Lebensferne und Wirklichkeitsfremdheit einer vorwiegend logistischen Aneinanderreihung der Unterrichtsstoffe, die notwendig eine Zersplitterung und Veräußerlichung der Ingenieurtätigkeit bewirken muß, herauslösen und auf dem Boden des Lebens und der Wirklichkeit stellen und der Ingenieurtätigkeit die ihr notwendige Bodenständigkeit verschaffen will, da erfolgreiches Arbeiten sich nur unter Befolgung der Gesetze menschlicher Arbeitsweise wie auch der lebensvollen Beziehungen des Schaffenden zu den Dingen und zu den Menschen als möglich erweist;

eine Auffassung, nach welcher der Ingenieur nicht nur eine Arbeitskraft, die gegen geldliche Abfindung sich in den Dienst rein äußerlicher, oder gar lediglich von Gewinnsucht eingegebener Zwecke stellen läßt, sondern vor allem und zuerst einen Persönlichkeitswert darstellt, der den Ingenieur zu dem erhebenden Bewußtsein der Pflicht aufruft, seine äußere Leistung zum Ausdruck seiner persönlichen Würde zu machen und der Arbeit gerade dadurch die Qualität aufzuprägen;

eine Auffassung endlich, welche die Ingenieurtätigkeit als schöpferische Mitwirkung zu kultureller Höherbildung bewertet und in dieser Bewertung in den Gesamtorganismus der Kulturarbeit eingegliedert sehen will.

Zu solch hoher Auffassung des Berufes muß der Ingenieur erzogen werden. Die hohe Kulturwertigkeit, welche in der Ingenieurtätigkeit verborgen liegt, muß herausgeholt und herausgebildet werden.

Die Zeit sei für solche Ideen noch nicht reif, höre ich von anderer Seite! (Zeitschrift Stahl und Eisen des Vereins deutscher Eisenhüttenleute 1920, Heft 8.)

In dem auf die Höhe seiner Kultur so stolzen und immer pochenden Deutschland sollte der Boden für meine Auffassung vom Ingenieurberuf noch nicht vorbereitet sein? Ich meine das Gegenteil. Vielleicht will man gar durch obigen Einwand den Zweifel aussprechen, ob meine Auffassung vom Ingenieurtum überhaupt realisierbar, ob sie nicht zu „ideal" sei. Ich glaube, wir hatten schon eine Zeit, wo die meiner Auffassung zugrundeliegende Idee schon teilweise verwirklicht war; eine Zeit, wo der Handwerker und der Kaufmann die Würde seiner Persönlichkeit als Wert schon in dem Produktionsweg und den Handelsverkehr einsetzte und mit demselben hinter seinem Produkte und seiner Ware stand, wo andererseits der Abnehmer die vertrauensvolle Überzeugung hatte, daß er vom Unternehmer nicht lediglich als Objekt gewinnsüchtiger Spekulationen betrachtet, sondern ebenfalls als Persönlichkeit beachtet wurde, um deren Vertrauen der Unternehmer warb, weil er eben als Persönlichkeit dasselbe auch als Gewinn, und zwar nicht als den geringsten, buchte; eine Zeit, wo der Unternehmer seine Ehre darein setzte, beste Arbeit und beste Ware möglichst billig, d. h. in der Meinung dem Abnehmer überließ, daß das Geld als Tauschmittel nicht bloß den Metallwert, sondern den Wert des Ertrages aus mühe= und hingebungsvoller, auch seinerseits die ganze Persönlichkeit einsetzender Arbeit des Abnehmers darstellte.

Von dieser Höhe, wo die Erzeugnisse und Tauschwerte in engster Verknüpfung mit der Persönlichkeitswerten standen, sind wir leider herabgesunken. Noch gibt es Kaufleute und Unternehmer, welche diese Höhe einzuhalten suchen. Ob sie das aber werden auf die Dauer tun können?

Haben wir noch nicht die Stimmen vernommen, welche gerade die Technik anklagen, den Machenschaften eines skrupellosen Unternehmertums und damit dem Kulturniedergang Vorschub geleistet zu haben, indem sie sich von solchen Unternehmunger in den Dienst nehmen ließ?

Welcher Beurteilung setzt sich in Zukunft die Technik aus, wenn hier nicht, soweit es auf sie ankommt, Wandel geschaffen wird? Darum soll sich der Ingenieur seiner hohen Würde und Pflicht als eines Kulturträgers bewußt werden, damit er der Gefahr vorbeuge, in die Hände solchen Unternehmertums hinabzugleiten. Die Vertiefung der Ausbildung des Ingenieurs soll der entwürdigenden Ausbeutung seines Könnens durch ein kulturschädigendes Unternehmertum einen noch festeren Damm entgegensetzen als bisher.

Von denjenigen, welche meine Bestrebungen nach dieser Richtung mit ihrer Bezeichnung als wirklichkeitsfernen Idealismus meinen abtun zu können, trennen mich allerdings Welten.

Ich glaube, die Gegenwart ist lehrreich genug, um die Erkenntnis zu ermöglichen, daß die Technik noch mehr als bisher ihrer hohen Kulturmission sich bewußt sein soll, und daß sie diese auf dem Gebiete der Volkswiedergeburt besonders zu betätigen hat.

Unser Volk ist zusammengebrochen. Die Feinde haben gesiegt. Was unseren Zusammenbruch im tiefsten Grunde verursacht hat, hat den Feinden den Sieg verschafft: das Prinzip der Gewalt, welche das Staats= und Völkerrecht aus dem Boden der ewigen Normen der Sittlichkeit herausriß und sich selbst als Quell des Rechtes proklamierte. So sicher dieses Gewaltprinzip uns ins Verderben hinabziehen mußte, so sicher muß der auf demselben Prinzip aufgeführte Siegesbau der Feinde zusammenbrechen. Von diesem Gesichtspunkt aus betrachtet, ist der Sieg der Feinde ein Scheinsieg und, an den Zeitmaßen gemessen, welche große geschichtliche Bewegungen zur vollen Auswirkung brauchen, bedeutet der Erfolg der Feinde nur einen vorübergehenden Augenblickserfolg. Aus dem Rausch und Taumel dieses Erfolges werden die Feinde, selbst wenn es zu einer Revision des Gewaltfriedensvertrages kommt, nicht so bald erwachen. Es fehlt ihnen die harte Schule der Trübsal, durch welche ein Volk gehen muß, um zur Besinnung zu kommen.

Was uns in der Gegenwart als Unglück erscheint, kann uns demnach einen gewaltigen Vorsprung vor den Feinden verschaffen, wenn wir dieses unselige Gewaltprinzip aufgeben und uns zu der Auffassung emporheben, daß die Kraft des Menschen und des ganzen Volkes aus der Pflege des in der Sittlichkeit verankerten Geistes= und Persönlichkeitslebens quillt, daß dieselbe Kraft, die aus den Tiefen unseres geistigen Wesens hervorbricht und herausgebildet ist, zur Macht nach außen führt, die todesmutig und heldenstark der Gewalt sich entgegenwirft, daß sie uns dazu befähigt und berechtigt, der äußeren Gewalt durch machtvollen Gegenstoß zu begegnen. Die Pflege des geistigen und sittlichen Menschentums, die wir in der sogenannten Blütezeit des deutschen Reiches unter der Herrschaft des Gewaltprinzips leider zu wenig beachtet haben, sollte nunmehr unsere erste und vornehmste Sorge sein. Diese Geistesmacht schwächt nicht die Widerstandskraft nach außen, sondern hebt sie aus dem Stadium roher, verblendeter Gewalttätigkeit zu heldenmütiger, unbeugsamer, besonnener, weit ausschauender Stärke empor.

An solcher Widerstandskraft hat es uns im Frieden wie erst recht im Kriege gefehlt. Wir sollten erkennen, daß äußere Macht wohl unerläßlich ist — denn solange gewalttätige Kräfte sich durchsetzen und die Herrschaft an sich zu reißen suchen, brauchen wir Gegenkräfte, um das Gleichgewicht herzustellen —, daß aber die Macht getragen werden muß von tiefem geistigen und sittlichen Menschentum.

Wenn wir auch jetzt von unseren Feinden mit Füßen getreten werden, so sind wir deswegen doch nicht die Unterlegenen, wenn wir nämlich zu solcher Auffassung von Menschentum und Menschenkraft uns durchringen und sie zur Grundlage unseres Wiederaufbaues machen. Noch ist der Kampf mit unseren Feinden nicht ausgetragen. Es hat sich nur die erste Phase desselben abgespielt, wo nur Gewalt gegen Gewalt stand. Der endgültige Sieg wird bei den Völkern sein, welche ihre erste Aufgabe darin sehen, Hort des geistigen und sittlichen Menschentums zu sein, und deren Macht nach außen von innerer Geistes= und Sittlichkeitskraft getragen ist.

Die Pflege dieses Menschentums, die Erziehung zu solchem Menschentum ist bei dem Aufbau des Deutschen Reiches nicht zum Eckstein gemacht worden. Holen wir beim Wiederaufbau diese so folgenschwere Versäumnis nach! Dann können wir hoffnungsvoll und sicher einer besseren Zukunft entgegenschauen.

Die Technischen Hochschulen aber stehen am Scheidewege, ob sie, in den früheren Auffassungen befangen, in den Strudel eines geist= und seelentötenden Industrialismus sich hinabreißen lassen oder ob sie, die Zeichen der Zeit erkennend, zunächst allerdings gegen den Strom dieser verderblichen Auffassung schwimmend, durch gründliche Reorganisation der Ingenieurausbildung an der Aufwärtsbewegung unseres Volkes zur gehaltvolleren Höhe mitwirken wollen.

Druck: Carl Dülfer, Breslau 2.